Inhaltsverzeichnis

Integralrechnung **2**

Unbestimmtes Integral 2

Tabellen wichtiger unbestimmter Integrale . . . 3

Nicht geschlossen darstellbare Integrale 5

Integration gebrochen rationaler Funktionen . . 6

Einige nützliche Substitutionen 8

Integrale rationaler und irrationaler Funktionen 10

Integrale trigonometrischer Funktionen 13

Integrale von Exponential- und Logarithmusfunktionen 14

Bestimmtes Integral 15

Uneigentliche Integrale 16

Parameterintegrale 18

Numerische Berechnung bestimmter Integrale . 20

Doppelintegrale 20

Dreifache Integrale 22

Anwendungen der Integralrechnung 26

Differenzialgleichungen **29**

Gewöhnliche DGL n-ter Ordnung 29

Differenzialgleichungen erster Ordnung 29

Lineare Differenzialgleichungen n-ter Ordnung 31

Lineare Systeme erster Ordnung mit konstanten Koeffizienten 35

Griechisches Alphabet **36**

Integralrechnung

Unbestimmtes Integral

Gilt für eine Funktion $F:(a,b)\to\mathbb{R}$ die Beziehung $F'(x)=f(x)$ für alle $x\in(a,b)$, so heißt F *Stammfunktion* der Funktion $f:(a,b)\to\mathbb{R}$. Die Menge aller Stammfunktionen $\{F+C \mid C\in\mathbb{R}\}$ wird *unbestimmtes Integral* von f auf (a,b) genannt; C ist die Integrationskonstante. Man schreibt $\int f(x)\,\mathrm{d}x = F(x)+C$.

Integrationsregeln

Konstanter Faktor:

$$\int \lambda f(x)\,\mathrm{d}x = \lambda \int f(x)\,\mathrm{d}x,\ \lambda\in\mathbb{R}$$

Summe, Differenz:

$$\int [f(x)\pm g(x)]\,\mathrm{d}x = \int f(x)\,\mathrm{d}x \pm \int g(x)\,\mathrm{d}x$$

Partielle Integration:

$$\int u(x)v'(x)\,\mathrm{d}x = u(x)v(x) - \int u'(x)v(x)\,\mathrm{d}x$$

Substitution:

$$\int f(g(x))\cdot g'(x)\,\mathrm{d}x = \int f(z)\,\mathrm{d}z, \qquad z=g(x)$$

Speziell $f(z)=\frac{1}{z}$:

$$\int \frac{g'(x)}{g(x)}\,\mathrm{d}x = \ln|g(x)|+C, \qquad g(x)\neq 0$$

Lineare Substitution:

$$\int f(ax+b)\,\mathrm{d}x = \tfrac{1}{a}F(ax+b)+C$$

$(a,b\in\mathbb{R}, a\neq 0,\ F$ Stammfunktion von $f)$

Tabellen wichtiger unbestimmter Integrale[1]

Potenzfunktionen

$\int x^n \,\mathrm{d}x = \frac{x^{n+1}}{n+1}$	$n \in \mathbb{Z},\ n \neq -1,\ x \neq 0$ für $n < 0$ bzw. $n \in \mathbb{R},\ n \neq -1,\ x > 0$
$\int \frac{1}{x} \,\mathrm{d}x = \ln\lvert x\rvert$	$x \neq 0$

Exponential- und Logarithmusfunktionen

$\int a^x \,\mathrm{d}x = \frac{a^x}{\ln a}$	$a \in \mathbb{R},\ a > 0,\ a \neq 1$
$\int \mathrm{e}^x \,\mathrm{d}x = \mathrm{e}^x$	
$\int \ln x \,\mathrm{d}x = x \ln x - x$	$x > 0$

Trigonometrische Funktionen

$\int \sin x \,\mathrm{d}x = -\cos x$	$\int \cos x \,\mathrm{d}x = \sin x$
$\int \tan x \,\mathrm{d}x = -\ln\lvert\cos x\rvert$	$x \neq (2k+1)\frac{\pi}{2}$
$\int \cot x \,\mathrm{d}x = \ln\lvert\sin x\rvert$	$x \neq k\pi$
$\int \frac{1}{\cos^2 x} \,\mathrm{d}x = \tan x$	$x \neq (2k+1)\frac{\pi}{2}$
$\int \frac{1}{\sin^2 x} \,\mathrm{d}x = -\cot x$	$x \neq k\pi$

[1] Die Integrationskonstante wird stets weggelassen.

Arkusfunktionen

$$\int \arcsin x \, \mathrm{d}x = x \arcsin x + \sqrt{1-x^2} \qquad |x| \leq 1$$

$$\int \arccos x \, \mathrm{d}x = x \arccos x - \sqrt{1-x^2} \qquad |x| \leq 1$$

$$\int \arctan x \, \mathrm{d}x = x \arctan x - \frac{1}{2} \ln(1+x^2)$$

$$\int \operatorname{arccot} x \, \mathrm{d}x = x \operatorname{arccot} x + \frac{1}{2} \ln(1+x^2)$$

Rationale Funktionen

$$\int \frac{1}{1+x^2} \, \mathrm{d}x = \arctan x$$

$$\int \frac{1}{1-x^2} \, \mathrm{d}x = \ln \sqrt{\frac{1+x}{1-x}} \qquad |x| < 1$$

$$\int \frac{1}{x^2-1} \, \mathrm{d}x = \ln \sqrt{\frac{x-1}{x+1}} \qquad |x| > 1$$

Irrationale Funktionen

$$\int \frac{1}{\sqrt{1-x^2}} \, \mathrm{d}x = \arcsin x \qquad |x| < 1$$

$$\int \frac{1}{\sqrt{1+x^2}} \, \mathrm{d}x = \ln(x + \sqrt{x^2+1}) = \operatorname{arcsinh} x$$

$$\int \frac{1}{\sqrt{x^2-1}} \, \mathrm{d}x = \ln(x + \sqrt{x^2-1}) \qquad |x| > 1$$

Hyperbelfunktionen

$$\int \sinh x \, \mathrm{d}x = \cosh x \qquad \int \cosh x \, \mathrm{d}x = \sinh x$$

$$\int \tanh x \, \mathrm{d}x = \ln \cosh x$$

$$\int \coth x \, \mathrm{d}x = \ln |\sinh x| \qquad x \neq 0$$

Areafunktionen

$$\int \operatorname{arsinh} x \, \mathrm{d}x = x \operatorname{arsinh} x - \sqrt{1 + x^2}$$

$$\int \operatorname{arcosh} x \, \mathrm{d}x = x \operatorname{arcosh} x - \sqrt{x^2 - 1} \qquad x > 1$$

$$\int \operatorname{artanh} x \, \mathrm{d}x = x \operatorname{artanh} x + \frac{1}{2} \ln(1 - x^2) \qquad |x| < 1$$

$$\int \operatorname{arcoth} x \, \mathrm{d}x = x \operatorname{arcoth} x + \frac{1}{2} \ln(x^2 - 1) \qquad |x| > 1$$

Nicht geschlossen darstellbare Integrale

$$\int \mathrm{e}^{-x^2} \, \mathrm{d}x \qquad \int \sin x^2 \, \mathrm{d}x \qquad \int \cos x^2 \, \mathrm{d}x$$

$$\int \frac{\sin x}{x} \, \mathrm{d}x = \operatorname{si} x \qquad \text{(Integralsinus)}$$

$$\int \frac{\cos x}{x} \, \mathrm{d}x = \operatorname{ci} x \qquad \text{(Integralkosinus)}$$

$$\int \frac{1}{\ln x} \, \mathrm{d}x = \int \frac{\mathrm{e}^y}{y} \, \mathrm{d}y = \operatorname{li} x \qquad \text{(Integrallogarithmus)}$$

Integration gebrochen rationaler Funktionen

$$\int \frac{a_m x^m + a_{m-1} x^{m-1} + \ldots + a_1 x + a_0}{b_n x^n + b_{n-1} x^{n-1} + \ldots + b_1 x + b_0} \, \mathrm{d}x$$

Mithilfe von Polynomdivision und Partialbruchzerlegung (durch Koeffizientenvergleich) kann man die Integrale auf solche über Polynome und spezielle *Partialbrüche* zurückführen. Die wichtigsten Fälle letzterer besitzen folgende Integrale (Voraussetzungen: $x - a \neq 0,\ k > 1,\ p^2 < 4q$):

$$\int \frac{1}{x-a} \, \mathrm{d}x = \ln |x-a|$$

$$\int \frac{1}{(x-a)^k} \, \mathrm{d}x = -\frac{1}{(k-1)(x-a)^{k-1}}$$

$$\int \frac{\mathrm{d}x}{x^2 + px + q} = \frac{2}{\sqrt{4q - p^2}} \arctan \frac{2x + p}{\sqrt{4q - p^2}}$$

$$\int \frac{Ax + B}{x^2 + px + q} \, \mathrm{d}x = \frac{A}{2} \ln(x^2 + px + q) + \left(B - \frac{1}{2} Ap\right) \int \frac{\mathrm{d}x}{x^2 + px + q}$$

$$\int \frac{1}{(x^2 + px + q)^{n+1}} \, \mathrm{d}x = \frac{1}{n(4q - p^2)} \cdot \left[\frac{2x + p}{(x^2 + px + q)^n} + (4n-2) \int \frac{1}{(x^2 + px + q)^n} \, \mathrm{d}x\right]$$

$$\int \frac{Ax + B}{(x^2 + px + q)^n} \, \mathrm{d}x = -\frac{A}{2(n-1)(x^2 + px + q)^{n-1}} + \left(B - \tfrac{1}{2} Ap\right) \int \frac{1}{(x^2 + px + q)^n} \, \mathrm{d}x$$

Einige nützliche Substitutionen

Integrand	Bedingung	Substitution
$\sin^n x \cos^m x$	m ungerade	$t=\sin x,\ \cos^2 x=1-t^2$
$\sin^n x \cos^m x$	n ungerade	$t=\cos x,\ \sin^2 x=1-t^2$
$\sin^n x \cos^m x$	n, m gerade	$t=\tan x, \sin^2 x=\dfrac{t^2}{1+t^2}$
$R(x,\ \sqrt[n]{ax+b})^*$		$x=\dfrac{1}{a}(t^n-b)$
$R(\mathrm{e}^x)$		$t=\mathrm{e}^x$
$R(x, \sqrt{x^2+a^2})$	$a \neq 0$	$x=a\sinh t$
$R(x, \sqrt{x^2-a^2})$	$a \neq 0$	$x=a\cosh t$
$R(x, \sqrt{a^2-x^2})$	$a \neq 0$	$x=a\sin t$
$R(x, \sqrt{D})^{**}$	$a>0$	$\sqrt{D}=t-\sqrt{a}x$
$R(x, \sqrt{D})$	$c>0$	$\sqrt{D}=xt+\sqrt{c}$
$R(x, \sqrt{D})$	***	$\sqrt{D}=t(x-x_1)$
$R(\sinh x, \cosh x)$		$t=\mathrm{e}^x$
$R(\sin x, \cos x)$		$t=\tan\dfrac{x}{2}, \sin x=\dfrac{2t}{1+t^2}$
$R\left(x,\ \sqrt[n]{\dfrac{ax+b}{cx+d}}\right)$		$t=\sqrt[n]{\dfrac{ax+b}{cx+d}}$

* $R(u,v)$ sei eine rationale Funktion von u und v

** $D=ax^2+bx+c$

*** D besitzt verschiedene reelle Wurzeln, darunter x_1

Integrale rationaler und irrationaler Funktionen

$$\int (ax+b)^n \, dx = \frac{(ax+b)^{n+1}}{a(n+1)} \qquad (n \neq -1)$$

$$\int \frac{1}{ax+b} \, dx = \frac{1}{a} \ln|ax+b|$$

$$\int \frac{ax+b}{fx+g} \, dx = \frac{ax}{f} + \frac{bf-ag}{f^2} \ln|fx+g|$$

$$\int \frac{x \, dx}{ax^2+bx+c} = \frac{1}{2a} \ln|ax^2+bx+c| - \frac{b}{2a} \int \frac{dx}{ax^2+bx+c}$$

$$\int \frac{dx}{(a^2 \pm x^2)^{n+1}} = \frac{x}{2na^2(a^2 \pm x^2)^n} + \frac{2n-1}{2na^2} \int \frac{dx}{(a^2 \pm x^2)^n}$$

$$\int \frac{dx}{a^3 \pm x^3} = \pm \frac{1}{6a^2} \ln \frac{(a \pm x)^2}{a^2 \mp ax + x^2} + \frac{1}{a^2\sqrt{3}} \arctan \frac{2x \mp a}{a\sqrt{3}}$$

$$\int \sqrt{(ax+b)^n} \, dx = \frac{2}{a(2+n)} \sqrt{(ax+b)^{n+2}} \qquad (n \neq -2)$$

$$\int \frac{dx}{x\sqrt{ax+b}} = \begin{cases} \dfrac{1}{\sqrt{b}} \ln \left| \dfrac{\sqrt{ax+b} - \sqrt{b}}{\sqrt{ax+b} + \sqrt{b}} \right| & \text{für } b > 0 \\[2ex] \dfrac{2}{\sqrt{-b}} \arctan \sqrt{\dfrac{ax+b}{-b}} & \text{für } b < 0 \end{cases}$$

$$\int \frac{\sqrt{ax+b}}{x} \, dx = 2\sqrt{ax+b} + b \int \frac{dx}{x\sqrt{ax+b}}$$

Freude spüre ich immer dann,
wenn etwas funktioniert, das ich mir selber ausgedacht habe.
Um diesen Kick zu bekommen, müssen meine Projekte
nicht nur spannend sein, sie müssen mir Freiheit und
Abwechslung bieten. Mit Sicherheit gibt es Leute,
die ihren Job leidenschaftsloser angehen.
Aber ich habe einfach den Anspruch, dass mir die
Aufgabe Spaß machen muss. Und dort, wo ich genau das für mich
realisieren kann, möchte ich auch Karriere machen.
Bewerben Sie sich direkt online bei YACHT TECCON,
einem der führenden Unternehmen für Engineering Services:
www.yacht-teccon.de/karriere
Experts in Engineering
YACHT | TECCON

$$\int \sqrt{a^2 - x^2}\,\mathrm{d}x = \frac{1}{2}\left(x\sqrt{a^2 - x^2} + a^2 \arcsin\frac{x}{a}\right)$$

$$\int x\sqrt{a^2 - x^2}\,\mathrm{d}x = -\frac{1}{3}\sqrt{(a^2 - x^2)^3}$$

$$\int \frac{1}{\sqrt{a^2 - x^2}}\,\mathrm{d}x = \arcsin\frac{x}{a}$$

$$\int \frac{x}{\sqrt{a^2 - x^2}}\,\mathrm{d}x = -\sqrt{a^2 - x^2} \qquad (|x| < |a|)$$

$$\int \sqrt{x^2 + a^2}\,\mathrm{d}x = \frac{1}{2}\left(x\sqrt{x^2 + a^2} + a^2 \ln(x + \sqrt{x^2 + a^2})\right)$$

$$\int x\sqrt{x^2 + a^2}\,\mathrm{d}x = \frac{1}{3}\sqrt{(x^2 + a^2)^3}$$

$$\int \frac{1}{\sqrt{x^2 + a^2}}\,\mathrm{d}x = \ln\left(x + \sqrt{x^2 + a^2}\right)$$

$$\int \frac{x}{\sqrt{x^2 + a^2}}\,\mathrm{d}x = \sqrt{x^2 + a^2}$$

$$\int \sqrt{x^2 - a^2}\,\mathrm{d}x = \frac{1}{2}\left(x\sqrt{x^2 - a^2} - a^2 \ln(x + \sqrt{x^2 - a^2})\right)$$

$$\int x\sqrt{x^2 - a^2}\,\mathrm{d}x = \frac{1}{3}\sqrt{(x^2 - a^2)^3} \qquad (|x| \geq |a|)$$

$$\int \frac{1}{\sqrt{x^2 - a^2}}\,\mathrm{d}x = \ln\left(x + \sqrt{x^2 - a^2}\right) \qquad (|x| \geq |a|)$$

$$\int \frac{x}{\sqrt{x^2 - a^2}}\,\mathrm{d}x = \sqrt{x^2 - a^2} \qquad (|x| \geq |a|)$$

Integrale trigonometrischer Funktionen

$$\int \sin ax \, \mathrm{d}x = -\frac{1}{a} \cos ax$$

$$\int \sin^2 ax \, \mathrm{d}x = \frac{1}{2}x - \frac{1}{4a} \sin 2ax$$

$$\int \sin^n ax \, \mathrm{d}x = -\frac{1}{na} \sin^{n-1} ax \cos ax + \frac{n-1}{n} \int \sin^{n-2} ax \, \mathrm{d}x \qquad (n \in \mathbb{N})$$

$$\int x \sin ax \, \mathrm{d}x = \frac{1}{a^2} \sin ax - \frac{1}{a} x \cos ax$$

$$\int x^n \sin ax \, \mathrm{d}x = -\frac{1}{a} x^n \cos ax + \frac{n}{a} \int x^{n-1} \cos ax \, \mathrm{d}x \qquad (n \in \mathbb{N})$$

$$\int \frac{1}{\sin ax} \, \mathrm{d}x = \frac{1}{a} \ln \left| \tan \frac{ax}{2} \right| \qquad (n \in \mathbb{N})$$

$$\int \frac{\mathrm{d}x}{\sin^n ax} = -\frac{\cos ax}{a(n-1) \sin^{n-1} ax} + \frac{n-2}{n-1} \int \frac{\mathrm{d}x}{\sin^{n-2} ax} \qquad (n > 1)$$

$$\int \cos ax \, \mathrm{d}x = \frac{1}{a} \sin ax$$

$$\int \cos^2 ax \, \mathrm{d}x = \frac{1}{2}x + \frac{1}{4a} \sin 2ax$$

$$\int \cos^n ax \, \mathrm{d}x = \frac{1}{na} \sin ax \cos^{n-1} ax + \frac{n-1}{n} \int \cos^{n-2} ax \, \mathrm{d}x$$

$$\int x^n \cos ax \, \mathrm{d}x = \frac{1}{a} x^n \sin ax - \frac{n}{a} \int x^{n-1} \sin ax \, \mathrm{d}x$$

$$\int \frac{\mathrm{d}x}{\cos ax} = \frac{1}{a} \ln \left| \tan \left(\frac{ax}{2} + \frac{\pi}{4} \right) \right|$$

$$\int \frac{\mathrm{d}x}{\cos^n ax} = \frac{1}{n-1}\left[\frac{\sin ax}{a\cos^{n-1} ax} + (n-2)\int \frac{\mathrm{d}x}{\cos^{n-2} ax}\right] \qquad (n > 1)$$

$$\int \sin ax \cos ax \,\mathrm{d}x = \frac{1}{2a}\sin^2 ax$$

$$\int \tan ax \,\mathrm{d}x = -\frac{1}{a}\ln|\cos ax|$$

$$\int \tan^n ax \,\mathrm{d}x = \frac{1}{a(n-1)}\tan^{n-1} ax - \int \tan^{n-2} ax \,\mathrm{d}x \qquad (n \neq 1)$$

$$\int \cot ax \,\mathrm{d}x = \frac{1}{a}\ln|\sin ax|$$

$$\int \cot^n ax \,\mathrm{d}x = -\frac{1}{a(n-1)}\cot^{n-1} ax - \int \cot^{n-2} ax \,\mathrm{d}x \qquad (n \neq 1)$$

Integrale von Exponential- und Logarithmusfunktionen

$$\int \mathrm{e}^{ax} \,\mathrm{d}x = \frac{1}{a}\mathrm{e}^{ax}$$

$$\int x^n \mathrm{e}^{ax} \,\mathrm{d}x = \frac{1}{a}x^n \mathrm{e}^{ax} - \frac{n}{a}\int x^{n-1}\mathrm{e}^{ax}\,\mathrm{d}x$$

$$\int \ln ax \,\mathrm{d}x = x\ln ax - x$$

$$\int \frac{\ln^n x}{x}\,\mathrm{d}x = \frac{1}{n+1}\ln^{n+1} x$$

$$\int \frac{1}{a + b\cdot \mathrm{e}^{cx}}\,\mathrm{d}x = \frac{x}{a} - \frac{1}{ac}\ln\left(a + b\cdot\mathrm{e}^{cx}\right)$$

Bestimmtes Integral

Die Fläche A, die im Intervall $[a, b]$ zwischen der x-Achse und dem Graphen der beschränkten Funktion f liegt, kann näherungsweise durch Summanden der Form

$$\sum_{i=1}^{n} f(\xi_i^{(n)}) \cdot \left[x_i^{(n)} - x_{i-1}^{(n)}\right]$$

gebildet werden, wobei $a = x_0^{(n)} \leq x_1^{(n)} \leq \ldots \leq x_n^{(n)} = b$ gilt und $\xi_i^{(n)} \in [x_{i-1}^{(n)}, x_i^{(n)}]$ willkürlich gewählt werden. Durch Grenzübergang für $n \to \infty$ und $x_i^{(n)} - x_{i-1}^{(n)} \to 0$ entsteht unter gewissen Voraussetzungen das *bestimmte Integral* der Funktion f über dem Intervall $[a, b]$, das gleich der Maßzahl der Fläche A ist: $\boxed{\int_a^b f(x)\,\mathrm{d}x = A}$

Eigenschaften und Rechenregeln

$$\int_a^a f(x)\,\mathrm{d}x = 0 \qquad \int_a^b f(x)\,\mathrm{d}x = -\int_b^a f(x)\,\mathrm{d}x$$

$$\int_a^b [f(x) \pm g(x)]\,\mathrm{d}x = \int_a^b f(x)\,\mathrm{d}x \pm \int_a^b g(x)\,\mathrm{d}x$$

$$\int_a^b \lambda f(x)\,\mathrm{d}x = \lambda \int_a^b f(x)\,\mathrm{d}x, \qquad \lambda \in \mathbb{R}$$

$$\int_a^b f(x)\,\mathrm{d}x = \int_a^c f(x)\,\mathrm{d}x + \int_c^b f(x)\,\mathrm{d}x$$

$$\left|\int_a^b f(x)\,\mathrm{d}x\right| \leq \int_a^b |f(x)|\,\mathrm{d}x, \qquad a < b$$

Ist f stetig auf $[a, b]$, so ist $\int_a^x f(t)\,\mathrm{d}t$ für $x \in [a, b]$ eine differenzierbare Funktion:

$$\boxed{F(x) = \int_a^x f(t)\,\mathrm{d}t \quad \Longrightarrow \quad F'(x) = f(x)}$$

Hauptsatz der Differenzial- und Integralrechnung

Ist f auf $[a,b]$ stetig und F eine Stammfunktion von f auf $[a,b]$, so gilt

$$\int_a^b f(x)\,\mathrm{d}x = F(b) - F(a)$$

Uneigentliche Integrale

Unbeschränkter Integrand

Die Funktion f habe an der Stelle $x = b$ eine Polstelle und sei beschränkt und integrierbar über jedem Intervall $[a, b-\varepsilon]$ mit $0 < \varepsilon < b-a$. Wenn das Integral von f über $[a, b-\varepsilon]$ für $\varepsilon \to 0$ einen Grenzwert besitzt, wird dieser *uneigentliches Integral* von f über $[a,b]$ genannt:

$$\int_a^b f(x)\,\mathrm{d}x = \lim_{\varepsilon \to +0} \int_a^{b-\varepsilon} f(x)\,\mathrm{d}x.$$

Ist $x = a$ eine Polstelle von f, so gilt analog:

$$\int_a^b f(x)\,\mathrm{d}x = \lim_{\varepsilon \to +0} \int_{a+\varepsilon}^{b} f(x)\,\mathrm{d}x.$$

Unbeschränktes Intervall

Die Funktion f sei für $x \geq a$ definiert und über jedem Intervall $[a,b]$ integrierbar. Wenn der Grenzwert des Integrals von f über $[a,b]$ für $b \to \infty$ existiert, so wird er *uneigentliches Integral* von f über $[a,\infty)$ genannt (analog für $a \to -\infty$):

$$\int_a^{\infty} f(x)\,\mathrm{d}x = \lim_{b \to \infty} \int_a^b f(x)\,\mathrm{d}x,$$

$$\int_{-\infty}^{b} f(x)\,\mathrm{d}x = \lim_{a \to -\infty} \int_a^b f(x)\,\mathrm{d}x.$$

Parameterintegrale

Ist $f(x,t)$ für $a \leq x \leq b$, $c \leq t \leq d$ für festes t bezüglich x über $[a,b]$ integrierbar, so ist

$$F(t) = \int_a^b f(x,t)\,\mathrm{d}x$$

eine Funktion von t, die als *Parameterintegral* (mit dem Parameter t) bezeichnet wird.

Differenziation unter dem Integralzeichen

Ist f nach t partiell differenzierbar und die partielle Ableitung f_t stetig, so ist die Funktion F (nach t) differenzierbar, und es gilt

$$\dot{F}(t) = \frac{\mathrm{d}F(t)}{\mathrm{d}t} = \int_a^b \frac{\partial f(x,t)}{\partial t}\,\mathrm{d}x.$$

Parameterabhängige Integrationsgrenzen

Sind φ und ψ zwei für $c \leq t \leq d$ differenzierbare Funktionen und ist $f(x,t)$ in dem Bereich $\varphi(t) < x < \psi(t)$, $c \leq t \leq d$ partiell nach t differenzierbar mit stetiger partieller Ableitung, so ist das Parameterintegral über f mit den Grenzen $\varphi(t)$ und $\psi(t)$ für $c \leq t \leq d$ nach t differenzierbar, wobei gilt

$$F(t) = \int_{\varphi(t)}^{\psi(t)} f(x,t)\,\mathrm{d}x \quad \Longrightarrow$$

$$\dot{F}(t) = \int_{\varphi(t)}^{\psi(t)} \frac{\partial f(x,t)}{\partial t}\,\mathrm{d}x + f(\psi(t),t)\dot{\psi}(t) - f(\varphi(t),t)\dot{\varphi}(t)$$

Spezialfall: Ableitung nach oberer Integrationsgrenze

$$F(x) = \int_0^x f(\xi)\,\mathrm{d}\xi \quad \Longrightarrow \quad F'(x) = f(x)$$

Bereit für größere Aufgaben?
Nutzen Sie den Stellenmarkt der Süddeutschen Zeitung.
Der Stellenmarkt der Süddeutschen Zeitung ist der ideale Karrierebegleiter für alle, die sich einer neuen Herausforderung gewachsen fühlen. Hochwertige Stellenangebote finden Sie samstags in Ihrer Süddeutschen Zeitung und täglich unter www.sueddeutsche.de/stellenmarkt.
Süddeutsche Zeitung
Wer sie liest, sieht mehr.
www.sueddeutsche.de/stellenmarkt

Numerische Berechnung bestimmter Integrale

Um das Integral $I = \int_a^b f(x)\,\mathrm{d}x$ näherungsweise numerisch zu berechnen, wird das Intervall $[a, b]$ in n äquidistante Teilintervalle der Länge $h = \frac{b-a}{n}$ geteilt, wodurch sich die Punkte $a = x_0, x_1, \ldots, x_{n-1}, x_n = b$ ergeben; es gelte $y_i = f(x_i)$.

Sehnen-Trapez-Formel:

$$I \approx \frac{h}{2} \cdot [y_0 + y_n + 2\,(y_1 + y_2 + \ldots + y_{n-1})]$$

Speziell für kleine Intervalle: $n = 1$:

$$I \approx \frac{h}{2} \cdot [y_0 + y_1] = \frac{b-a}{2} \cdot [f(a) + f(b)]$$

Tangenten-Trapez-Formel: (n gerade)

$$I \approx 2h \cdot [y_1 + y_3 + \ldots + y_{n-1}]$$

Simpson-Regel: (n gerade)

$$I \approx \frac{h}{3} \cdot [y_0 + y_n + 4(y_1 + y_3 + \ldots + y_{n-1}) + 2(y_2 + y_4 + \ldots + y_{n-2})]$$

Newton-Côtes-Formel:

$$I \approx \sum_{i=0}^{n} w_i y_i \quad \text{mit} \quad w_i = \int_a^b L_i(x)\,\mathrm{d}x,$$

$$L_i(x) = \frac{(x-x_0)\cdots(x-x_{i-1})\cdot(x-x_{i+1})\cdots(x-x_n)}{(x_i-x_0)\cdots(x_i-x_{i-1})\cdot(x_i-x_{i+1})\cdots(x_i-x_n)}$$

i-tes Lagrange-Polynom

Doppelintegrale

$I = \iint\limits_B f(x,y)\,\mathrm{d}b$ beschreibt das Volumen des „Zylinders“ (der Säule) über dem Bereich $B = \{(x,y) \mid a \le x \le b,\ y_1(x) \le y \le y_2(x)\}$ der (x,y)-Ebene unter der Fläche $z = f(x,y)$; Vor.: $f(x,y) \ge 0$ ($\mathrm{d}b$ – Flächenelement).

Flächenelemente

kartesische Koordinaten x, y	$\mathrm{d}b = \mathrm{d}x\,\mathrm{d}y$
Polarkoordinaten r, φ $(r \geq 0,\ 0 \leq \varphi < 2\pi)$	$\mathrm{d}b = r\,\mathrm{d}r\,\mathrm{d}\varphi$
allgemeine Koordinaten u, v	$\mathrm{d}b = \dfrac{\partial(x,y)}{\partial(u,v)}\,\mathrm{d}u\,\mathrm{d}v$

Hierbei ist $\dfrac{\partial(x,y)}{\partial(u,v)} = \begin{vmatrix} x_u & x_v \\ y_u & y_v \end{vmatrix}$ die sog. *Funktionaldeterminante*, die als ungleich null vorausgesetzt wird.

Berechnung über iterierte Integration

$$I = \int\limits_a^b \left[\int\limits_{y_1(x)}^{y_2(x)} f(x,y)\,\mathrm{d}y \right] \mathrm{d}x$$

Analog kann I bez. des Bereichs $B_1 = \{(x,y) | x_1(y) \leq x \leq x_2(y), c \leq y \leq d\}$ berechnet werden; in diesem Fall ändert sich die Integrationsreihenfolge.

Ist speziell $B = \{(x,y) \,|\, a \leq x \leq b, c \leq y \leq d\}$ ein Rechteck, so gilt:

$$I = \int\limits_a^b \int\limits_c^d f(x,y)\,\mathrm{d}y\,\mathrm{d}x = \int\limits_c^d \int\limits_a^b f(x,y)\,\mathrm{d}x\,\mathrm{d}y$$

Koordinatentransformation

Allgemeine Transformation $x = x(u,v)$, $y = y(x,v)$:

$$I = \iint\limits_{B^*} f(x(u,v), y(u,v)) \frac{\partial(x,y)}{\partial(u,v)}\,\mathrm{d}u\,\mathrm{d}v$$

(Integrationsgrenzen gemäß Transformation ändern)

Spezialfall Polarkoordinaten $x = r\cos\varphi$, $y = r\sin\varphi$:

$$I = \iint\limits_B f(r\cos\varphi, r\sin\varphi)\, r\,\mathrm{d}r\,\mathrm{d}\varphi$$

Dreifache Integrale

$I = \iiint\limits_K f(x,y,z)\,\mathrm{d}k = \iiint\limits_K f(x,y,z)\,\mathrm{d}x\,\mathrm{d}y\,\mathrm{d}z;$

$K = \{(x,y,z)\,|\,(x,y) \in B,\ z_1(x,y) \le z \le z_2(x,y)\}$ – Körper im $\mathbb{R}^3$ über dem Bereich $B = \{(x,y)\,|\,a \le x \le b,\ y_1(x) \le y \le y_2(x)\}$ der (x,y)-Ebene; $\mathrm{d}k$ – Volumenelement

Berechnung über iterierte Integration

$$I = \int\limits_a^b \left[\int\limits_{y_1(x)}^{y_2(x)} \left(\int\limits_{z_1(x,y)}^{z_2(x,y)} f(x,y,z)\,\mathrm{d}z \right) \mathrm{d}y \right] \mathrm{d}x$$

Analog kann I in der Reihenfolge zxy, yzx, yxz, xzy bzw. xyz berechnet werden, wenn der Körper K entsprechend beschrieben ist.

$f(x,y,z) \equiv 1$: $I = \iiint\limits_K \mathrm{d}k$ – Volumen des Körpers K

Koordinatentransformation

Allgemeine Transformation:

$x = x(u,v,w)$, $y = y(x,v,w)$, $z = z(x,y,w)$:

$$I = \iiint\limits_{K^*} g(u,v,w) \frac{\partial(x,y,z)}{\partial(u,v,w)}\,\mathrm{d}u\,\mathrm{d}v\,\mathrm{d}w;$$

wobei $g(u,v,w) = f(x(u,v,w), y(u,v,w), z(u,v,w))$,

$$\frac{\partial(x,y,z)}{\partial(u,v,w)} = \begin{vmatrix} x_u & x_v & x_w \\ y_u & y_v & y_w \\ z_u & z_v & z_w \end{vmatrix}$$ – Funktionaldeterminante (Vor.: $\neq 0$)

(Integrationsgrenzen gemäß Transformation ändern)

Transformation kartesischer in Zylinderkoordinaten:

$x = r\cos\varphi,\ y = r\sin\varphi,\ z = z$
$(r \geq 0,\ 0 \leq \varphi < 2\pi)$

$$I = \iiint\limits_{K^*} f(r\cos\varphi, r\sin\varphi)\, r\,\mathrm{d}r\,\mathrm{d}\varphi\,\mathrm{d}z$$

Transformation kartesischer in Kugelkoordinaten:

$x = r\sin\vartheta\cos\varphi,\ y = r\sin\vartheta\sin\varphi,\ z = r\cos\vartheta$
$(r \geq 0,\ -\pi < \varphi \leq \pi,\ 0 \leq \vartheta \leq \pi)$

$$I = \iiint\limits_{K^*} g(r,\vartheta,\varphi)\, r^2\sin\vartheta\,\mathrm{d}r\,\mathrm{d}\varphi\,\mathrm{d}z$$

wobei gilt

$$g(r,\vartheta,\varphi) = f(r\sin\vartheta\cos\varphi, r\sin\vartheta\sin\varphi, r\cos\vartheta)$$

Volumenelemente

kartesische Koord. x, y, z	$\mathrm{d}k = \mathrm{d}x\,\mathrm{d}y\,\mathrm{d}z$
Zylinderkoordinaten r, φ, z	$\mathrm{d}k = r\,\mathrm{d}r\,\mathrm{d}\varphi\,\mathrm{d}z$
Kugelkoordinaten r, ϑ, φ	$\mathrm{d}k = r^2\sin\vartheta\,\mathrm{d}r\,\mathrm{d}\vartheta\,\mathrm{d}\varphi$
allgemeine Koord. u, v, w	$\mathrm{d}k = \dfrac{\partial(x,y,z)}{\partial(u,v,w)}\mathrm{d}u\,\mathrm{d}v\,\mathrm{d}w$

Spezielles Dreifachintegral bei festen Grenzen

$$\int\limits_a^b \int\limits_c^d \int\limits_e^f f(x)\cdot g(y)\cdot h(z)\,\mathrm{d}x\,\mathrm{d}y\,\mathrm{d}z$$

$$= \int\limits_a^b f(x)\,\mathrm{d}x \cdot \int\limits_c^d g(y)\,\mathrm{d}y \cdot \int\limits_e^f h(z)\,\mathrm{d}z$$

Anwendungen der Integralrechnung

Flächeninhalt eines ebenen Bereichs B	$A = \iint\limits_B \mathrm{d}b$
Masse mit Flächen-Massendichte ϱ	$M = \iint\limits_B \varrho(x,y)\,\mathrm{d}b$
Volumen des „Zylinders“ zwischen ebenem Bereich B und Fläche $z=f(x,y)$	$V = \iint\limits_B f(x,y)\,\mathrm{d}b$
Schwerpunktkoordinaten einer Fläche mit Massendichte ϱ	$x_s = \frac{1}{M} \iint\limits_B x\,\varrho(x,y)\,\mathrm{d}b$ $y_s = \frac{1}{M} \iint\limits_B y\,\varrho(x,y)\,\mathrm{d}b$
Schwerpunktkoordinaten einer homogenen Fläche	$x_s = \frac{1}{A} \iint\limits_B x\,\mathrm{d}b$ $y_s = \frac{1}{A} \iint\limits_B y\,\mathrm{d}b$
Trägheitsmomente bez. der Koordinatenachsen: ebene Fläche	$J_x = \iint\limits_B y^2 \varrho(x,y)\,\mathrm{d}b$ $J_y = \iint\limits_B x^2 \varrho(x,y)\,\mathrm{d}b$
homogene Fläche	setze $\varrho(x,y) \equiv 1$
Volumen eines Rotationskörpers bei Rotation der Kurve $y(x)$ um die x-Achse	$V = \pi \int\limits_a^b y^2(x)\,\mathrm{d}x$

Satz von Steiner: $\boxed{J_A = a^2 M + J_S}$

(a – Abstand zwischen Achse A und Schwerpunkt, S – zu A parallele Achse durch Schwerpunkt)

Volumen eines Körpers	$V = \iiint\limits_K \mathrm{d}x\,\mathrm{d}y\,\mathrm{d}z$
Masse eines Körpers mit Massendichte ϱ	$M = \iiint\limits_K \varrho(x,y,z)\,\mathrm{d}x\,\mathrm{d}y\,\mathrm{d}z$
Schwerpunktkoordinaten eines Körpers mit Massendichte ϱ	$x_s = \frac{1}{M}\iiint\limits_K \varrho(x,y,z)x\,\mathrm{d}k$ $y_s = \frac{1}{M}\iiint\limits_K \varrho(x,y,z)y\,\mathrm{d}k$ $z_s = \frac{1}{M}\iiint\limits_K \varrho(x,y,z)z\,\mathrm{d}k$
Schwerpunktkoordinaten eines homogenen Körpers	$x_s = \frac{1}{V}\iiint\limits_K x\,\mathrm{d}k$ $y_s = \frac{1}{V}\iiint\limits_K y\,\mathrm{d}k$ $z_s = \frac{1}{V}\iiint\limits_K z\,\mathrm{d}k$
Trägheitsmoment eines Körpers bez. beliebiger Achse A	$J_A = \iiint\limits_K r_A^2\,\varrho(x,y,z)\,\mathrm{d}k$ (r_A Abstand von A)
Trägheitsmomente bezüglich der Koordinatenachsen	$J_x = \iiint\limits_K (y^2+z^2)\,\varrho(x,y,z)\,\mathrm{d}k$ $J_y = \iiint\limits_K (x^2+z^2)\,\varrho(x,y,z)\,\mathrm{d}k$ $J_z = \iiint\limits_K (x^2+y^2)\,\varrho(x,y,z)\,\mathrm{d}k$
homogener Körper	setze $\varrho(x,y,z) \equiv 1$

Satz von Steiner: $\boxed{J_A = a^2V + J_S}$

(a – Abstand zwischen Achse A und Schwerpunkt, S – zu A parallele Achse durch Schwerpunkt)

Differenzialgleichungen

Gewöhnliche DGL n-ter Ordnung

$F(x, y, y', \dots, y^{(n)}) = 0$	–	implizite Form
$y^{(n)} = f(x, y, y', \dots, y^{(n-1)})$	–	explizite Form

Jede n-mal stetig differenzierbare Funktion $y(x)$, die die obige Differenzialgleichung für alle x, $a \leq x \leq b$, erfüllt, heißt *(spezielle) Lösung* der gewöhnlichen Differenzialgleichung im Intervall $[a, b]$ (möglich: $a = -\infty$, $b = +\infty$). Die Gesamtheit aller Lösungen einer DGL oder eines Systems von DGL wird als *allgemeine Lösung* bezeichnet.

Sind an einer Stelle (z. B. $x = a$) zusätzliche Bedingungen an die Lösung gestellt, so spricht man von einem *Anfangswertproblem.* Sind zusätzliche Bedingungen an den Stellen a und b einzuhalten, liegt ein *Randwertproblem* vor.

System gewöhnlicher Differenzialgleichungen: Für mehrere unbekannte Funktionen sind mehrere Gleichungen gegeben, die deren Ableitungen enthalten.

Differenzialgleichungen erster Ordnung

$y' = f(x, y)$	oder
$P(x, y) + Q(x, y)y' = 0$	oder
$P(x, y)\,\mathrm{d}x + Q(x, y)\,\mathrm{d}y = 0$	

Ordnet man jedem Punkt der x, y-Ebene die durch die Größe $f(x, y)$ gegebene Tangentenrichtung der Lösungskurven zu, so entsteht das *Richtungsfeld.* Die Kurven gleicher Richtungen des Richtungsfeldes sind die *Isoklinen.*

Separierbare Differenzialgleichungen

Besitzt eine Differenzialgleichung die Form

$$y' = r(x)s(y) \quad \text{bzw.} \quad P(x) + Q(y)y' = 0$$

$$\text{bzw.} \quad P(x)\,\mathrm{d}x + Q(y)\,\mathrm{d}y = 0,$$

so kann sie stets mittels *Trennung der Variablen*, d. h. Ersetzen von y' durch $\frac{\mathrm{d}y}{\mathrm{d}x}$ und Umordnen, in die Form

$$R(x)\,\mathrm{d}x = S(y)\,\mathrm{d}y$$

gebracht werden. Durch „formales Integrieren" erhält man daraus die allgemeine Lösung:

$$\int R(x)\mathrm{d}x = \int S(y)\mathrm{d}y \quad \Longrightarrow \quad \varphi(x) = \psi(y) + C$$

Lineare DGL erster Ordnung

$$y' + a(x)y = r(x)$$

$r(x) \not\equiv 0$ – inhomogene DGL,
$r(x) \equiv 0$ – homogene DGL

Die allgemeine Lösung ist die Summe aus der allgemeinen Lösung y_h der zugehörigen homogenen Differenzialgleichung und einer speziellen Lösung y_s der inhomogenen Differenzialgleichung:

$$y(x) = y_h(x) + y_s(x)$$

Allgemeine Lösung der homogenen DGL: Die allgemeine Lösung $y_h(x)$ von $y' + a(x)y = 0$ wird durch Trennung der Variablen ermittelt. Das Ergebnis lautet

$$y_h(x) = C\mathrm{e}^{-\int a(x)\,\mathrm{d}x}, \quad C = \text{const}$$

Spezielle Lösung der inhomogenen DGL: Eine spezielle Lösung $y_s(x)$ von $y' + a(x)y = r(x)$ erhält man nach

Lösen der zugehörigen homogenen DGL durch *Variation der Konstanten* in derselben, d. h. vermittels des Ansatzes $y_s(x) = C(x) \cdot \mathrm{e}^{-\int a(x)\,\mathrm{d}x}$. Für $C(x)$ ergibt sich

$$\boxed{C(x) = \int r(x) \cdot \mathrm{e}^{\int a(x)\,\mathrm{d}x}\,\mathrm{d}x}$$

Lineare Differenzialgleichungen n-ter Ordnung

$$\boxed{a_n(x)y^{(n)} + \ldots + a_1(x)y' + a_0(x)y = r(x), \ \ a_n(x) \not\equiv 0}$$

Die allgemeine Lösung der inhomogenen DGL ($r(x) \not\equiv 0$) ergibt sich aus der Summe der allgemeinen Lösung y_h der zugehörigen homogenen DGL ($r(x) \equiv 0$) und einer speziellen Lösung y_s der inhomogenen DGL:

$$\boxed{y(x) = y_h(x) + y_s(x)}$$

Allgemeine Lösung der homogenen DGL

Sind alle Koeffizientenfunktionen a_k stetig, so existiert ein *Fundamentalsystem* von n Funktionen $y_1, \ldots, y_n$ derart, dass die allgemeine Lösung $y_h(x)$ der zugehörigen homogenen DGL folgende Form hat:

$$\boxed{y_h(x) = C_1 y_1(x) + C_2 y_2(x) + \ldots + C_n y_n(x)}$$

Die Funktionen $y_1, \ldots, y_n$ bilden genau dann ein Fundamentalsystem, wenn jede dieser Funktionen y_k Lösung der homogenen DGL ist und wenn es mindestens ein $x_0 \in \mathbb{R}$ gibt, für das die *Wronski-Determinante*

$$W(x) = \begin{vmatrix} y_1(x) & y_2(x) & \ldots & y_n(x) \\ y_1'(x) & y_2'(x) & \ldots & y_n'(x) \\ \vdots & \vdots & \ddots & \vdots \\ y_1^{(n-1)}(x) & y_2^{(n-1)}(x) & \ldots & y_n^{(n-1)}(x) \end{vmatrix}$$

ungleich null ist. Sie lassen sich durch das Lösen der folgenden n Anfangswertprobleme gewinnen ($k=1,\ldots,n$):

$$a_n(x)y_k^{(n)}+\ldots+a_1(x)y_k'+a_0(x)y_k = 0,$$

$$y_k^{(i)}(x_0)=\begin{cases}0, & i\neq k-1\\ 1, & i=k-1\end{cases} \qquad i=0,1,\ldots,n-1$$

Erniedrigung der Ordnung einer DGL: Kennt man eine spezielle Lösung $\widehat{y}$ der homogenen DGL n-ter Ordnung, kann man mittels der Substitution $y(x) = \widehat{y}(x)\int z(x)\,\mathrm{d}x$ die Ordnung der DGL um eins erniedrigen.

Spezielle Lösung der inhomogenen DGL

Ist $\{y_1,\ldots,y_n\}$ ein Fundamentalsystem, so erhält man über den Ansatz

$$y_s(x) = C_1(x)y_1(x) + \ldots + C_n(x)y_n(x)$$

mittels *Variation der Konstanten* eine spezielle Lösung der inhomogenen DGL, indem man die Ableitungen der Funktionen $C_1,\ldots,C_n$ als Lösungen des linearen Gleichungssystems

$$\begin{array}{rcl}
y_1C_1' + y_2C_2' + \ldots + y_nC_n' &=& 0\\
y_1'C_1' + y_2'C_2' + \ldots + y_n'C_n' &=& 0\\
\ldots\ldots\ldots\ldots\ldots\ldots\ldots\ldots\ldots\ldots\ldots\ldots && \\
y_1^{(n-2)}C_1' + y_2^{(n-2)}C_2' + \ldots + y_n^{(n-2)}C_n' &=& 0\\
y_1^{(n-1)}C_1' + y_2^{(n-1)}C_2' + \ldots + y_n^{(n-1)}C_n' &=& \dfrac{r(x)}{a_n(x)}
\end{array}$$

bestimmt; anschließend werden die Funktionen C_i durch Integration berechnet.

Lineare DGL mit konstanten Koeffizienten

$$a_n y^{(n)} + \ldots + a_1 y' + a_0 = r(x), \qquad a_0, \ldots, a_n \in \mathbb{R}$$

Die allgemeine Lösung ergibt sich aus der Summe der allgemeinen Lösung der zugehörigen homogenen DGL und einer speziellen Lösung der inhomogenen DGL:

$$y(x) = y_h(x) + y_s(x)$$

Allgemeine Lösung der homogenen DGL

Die Funktionen $y_1, \ldots, y_n$ des Fundamentalsystems werden über den Ansatz $\boxed{y = \mathrm{e}^{\lambda x}}$ bestimmt. Die n Werte $\lambda_1, \ldots, \lambda_n$ seien die Nullstellen des charakteristischen Polynoms, d. h. Lösungen der *charakteristischen Gleichung*

$$a_n \lambda^n + \ldots + a_1 \lambda + a_0 = 0$$

Zu den n Nullstellen λ_k der charakteristischen Gleichung lassen sich die n Funktionen des Fundamentalsystems gemäß folgender Tabelle bestimmen:

Art und Ordnung der Nullstelle	Funktionen des Fundamentalsystems
λ_k reell, einfach	$\mathrm{e}^{\lambda_k x}$
λ_k reell, p-fach	$\mathrm{e}^{\lambda_k x},\ x\mathrm{e}^{\lambda_k x}, \ldots,\ x^{p-1}\mathrm{e}^{\lambda_k x}$
$\lambda_k = a \pm bi$ konjugiert komplex, einfach	$\mathrm{e}^{ax}\sin bx,\ \mathrm{e}^{ax}\cos bx$
$\lambda_k = a \pm bi$ konjugiert komplex, p-fach	$\mathrm{e}^{ax}\sin bx,\ x\mathrm{e}^{ax}\sin bx, \ldots,$ $x^{p-1}\mathrm{e}^{ax}\sin bx, \mathrm{e}^{ax}\cos bx,$ $x\mathrm{e}^{ax}\cos bx, \ldots, x^{p-1}\mathrm{e}^{ax}\cos bx$

Die allgemeine Lösung y_h der homogenen DGL ist

$$y_h(x) = C_1 y_1(x) + C_2 y_2(x) + \ldots + C_n y_n(x)$$

Spezielle Lösung der inhomogenen DGL

Besitzt die Inhomogenität r eine einfache Struktur, so kann y_s durch einen Ansatz gemäß nachstehender Tabelle bestimmt werden:

$r(x)$	Ansatz für $y_s(x)$
$A_m x^m + \ldots + A_1 x + A_0$	$b_m x^m + \ldots + b_1 x + b_0$
$A\mathrm{e}^{\alpha x}$	$a\mathrm{e}^{\alpha x}$
$A \sin \omega x$ od. $B \cos \omega x$ od. $A \sin \omega x + B \cos \omega x$	$a \sin \omega x + b \cos \omega x$
Kombination obiger Funkt.	Kombinat. der Ansätze

Resonanzfall: Ist ein Summand des Ansatzes Lösung der homogenen DGL, so wird der Ansatz so oft mit x multipliziert, bis kein Summand mehr Lösung der homogenen DGL ist.

Euler'sche Differenzialgleichung

Haben in der allgemeinen linearen Differenzialgleichung n-ter Ordnung die Koeffizientenfunktionen die Gestalt $a_k(x) = a_k x^k$, $a_k \in \mathbb{R}$, $k = 0, 1, \ldots, n$, so erhält man

$$a_n x^n y^{(n)} + \ldots + a_1 x y' + a_0 y = r(x)$$

Die Substitution $x = \mathrm{e}^{\xi}$ führt auf eine lineare DGL mit konstanten Koeffizienten für die Funktion $y(\xi)$. Deren *charakteristische Gleichung* lautet

$$a_n \lambda(\lambda-1) \cdots (\lambda-n+1) + \ldots + a_2 \lambda(\lambda-1) + a_1 \lambda + a_0 = 0$$

Lineare Systeme erster Ordnung mit konstanten Koeffizienten

$$\begin{aligned} y_1' &= a_{11}y_1 + \ldots + a_{1n}y_n + r_1(x) \\ &\cdots\cdots\cdots\cdots\cdots\cdots \qquad\qquad a_{ij} \in \mathbb{R} \\ y_n' &= a_{n1}y_1 + \ldots + a_{nn}y_n + r_n(x) \end{aligned}$$

Die allgemeine Lösung hat die Form $\vec{y}(x) = \vec{y_h}(x) + \vec{y_s}(x)$, wobei $\vec{y_h}$ die allgemeine Lösung des homogenen Systems $\vec{y}\,' = A\vec{y}$ und $\vec{y_s}$ eine spezielle Lösung des inhomogenen Systems $\vec{y}\,' = A\vec{y} + \vec{r}$ ist.

Allgemeine Lösung des homogenen Systems

Fall 1 A ist diagonalisierbar und hat nur reelle Eigenwerte $\lambda_k,\ k = 1, \ldots, n$ (mehrfache Eigenwerte werden entsprechend mehrfach gezählt); $\vec{v_k}$ seien die zugehörigen reellen Eigenvektoren. Dann lautet die allgemeine Lösung des homogenen Systems

$$\boxed{\vec{y_h}(x) = C_1 \mathrm{e}^{\lambda_1 x}\vec{v_1} + \ldots + C_n \mathrm{e}^{\lambda_n x}\vec{v_n}}$$

Fall 2 A ist diagonalisierbar und hat konjugiert komplexe Eigenwerte $\lambda_k = \alpha + \beta\mathrm{i},\ \lambda_{k+1} = \alpha - \beta\mathrm{i}$ mit zugehörigen Eigenvektoren $\vec{v_k} = \vec{a} + \vec{b}\,\mathrm{i},\ \overrightarrow{v_{k+1}} = \vec{a} - \vec{b}\,\mathrm{i}$. Dann sind in der allgemeinen Lösung $\vec{y_h}$ die Terme mit den Indizes k und $k+1$ wie folgt zu ersetzen:

$$\boxed{\begin{aligned} \vec{y_h}(x) = \ldots &+ C_k \mathrm{e}^{\alpha x}(\vec{a}\cos\beta x - \vec{b}\sin\beta x) \\ &+ C_{k+1}\mathrm{e}^{\alpha x}(\vec{a}\sin\beta x + \vec{b}\cos\beta x) + \ldots \end{aligned}}$$

Fall 3 A ist nicht diagonalisierbar (komplizierter).

Spezielle Lösung des inhomogenen Systems

Eine spezielle Lösung $\vec{y_s}$ kann durch Variation der Konstanten oder mittels geeigneter Ansatzfunktionen ermittelt werden.

Griechisches Alphabet

Name	Kleinbuchstabe	Großbuchstabe
Alpha	α	A
Beta	β	B
Gamma	γ	Γ
Delta	δ	Δ
Epsilon	ϵ, ε	E
Zeta	ζ	Z
Eta	η	H
Theta	θ, ϑ	Θ
Jota	ι	I
Kappa	κ	K
Lambda	λ	Λ
My	μ	M
Ny	ν	N
Xi	ξ	Ξ
Omikron	o	O
Pi	π, ϖ	Π
Rho	ρ, ϱ	P
Sigma	σ, ς	Σ
Tau	τ	T
Ypsilon	υ	Υ
Phi	ϕ, φ	Φ
Chi	χ	X
Psi	ψ	Ψ
Omega	ω	Ω